U0721178

回澜拾贝

我的问海手账

福澜 著
杲飞 绘

青岛出版集团 青岛出版社

扫描二维码，关注“海洋探秘”微信公众号，回复“我的问海手账”，获取最新一年的专属海洋主题日历手机和电脑壁纸！

新的一年

我在 ______________________________

希望

____

____

____

年度愿望

■ 愿望清单

春季计划

夏季计划

秋季计划

■ 冬季计划

一

立春

一候东风解冻·二候蛰虫始振·三候鱼陟负冰

“律回岁晚冰霜少，春到人间草木知。”立春，二十四节气之首。此时，东风解冻，蛰虫始振；远天归雁拂云飞，近水游鱼迸冰出。海洋中，桃花虾回，红头鱼肥；人间岁暖，黄海冰融。中国地大物博，当黄渤海还在消解冬日的封印，南海已是一片生机勃勃。

大好时节，海洋怎会吝啬馈赠：肥嫩鲜美的海红、肉质鲜甜的扇贝、肉厚细润的带鱼……如果正好赶上春节团圆之时，这些诱人的海中佳品一定能为你的年夜饭增色不少。

年 月 日

大泷六线鱼

大泷六线鱼，俗称黄鱼、黄棒子。雄鱼成熟时有鲜艳的“婚姻色”。繁殖期间，鱼爸爸超有父爱，会专心守护鱼宝宝，甚至不怎么进食。

年
月
日

小银绿鳍鱼

问海拾趣

小银绿鳍鱼头大尾小，身体泛着红彤彤的颜色，两侧有一对像蝴蝶翅膀似的胸鳍，颜值相当高。虽然长着“翅膀”，小银绿鳍鱼却更喜欢在海底爬行——一部分胸鳍扮演了“脚”的角色。有时候，它们也会在海里“翱翔”，此时漂亮的“翅膀”收拢，紧贴在身体两侧，以减少水中的阻力。

紫贻贝

紫贻贝，俗称海红。成年紫贻贝过着“饭来张口”的日子：将壳略微打开，让海水流进体内，然后吃掉海水中的食物颗粒。

年
月
日

斑点月鱼

二

雨水

一候獭祭鱼·二候候雁北·三候草木萌动

“好雨知时节，当春乃发生。”第二个节气雨水和谷雨、小雪、大雪一样，是反映降水现象的节气。据说，水獭此时会捕鱼，并将鱼摆在岸边准备大快朵颐。这便是“獭祭鱼”。而后不久，鸿雁成群结队由南往北飞，翱翔于碧蓝的天空中。

随着太阳的直射点向北转移，海洋中的万物也敏锐地捕捉到这份暖意。“雨水鱼苏醒，胃口尚未开”，在山东沿海地区，蛰伏在深海的梭鱼奔赴近岸河口寻找食物。海上的冰凌在春水中逐渐消融，此时捕捞的梭鱼被称为开凌梭。第一批被捕获的开凌梭一般没怎么进食，腹中杂物少，肉质肥厚，鲜美异常，真可谓“春食开凌梭，鲜得没话说”。

鲻鱼

问海拾趣

对于喜欢"开凌梭"的人来说，此名词并非单指梭鱼，有时候也包括鲻鱼。鲻鱼和梭鱼非常相似，生活习性基本一致，外貌也有些难以分辨，比较明显的区别在眼睛：鲻鱼眼睛相对较大，黑眼珠外圈发白；梭鱼眼睛较小，黑眼珠外圈呈橘黄色或红色，故梭鱼又叫"红眼鲻鱼"。

年

月

日

年 月 日

单角鼻鱼

单角鼻鱼，又称独角倒吊，身体椭圆而侧扁，成鱼头顶有角状突起，可食用，亦可用于观赏。

□□□□年□月□日

花身鯻

花身鯻不仅可以利用鱼鳔震动发出声响，还具有较强的盐度适应能力。它还有一个“小癖好”——喜欢吃其他鱼身上的鱼鳞。

花尾胡椒鲷

三

惊蛰

一候桃始华·二候仓庚鸣·三候鹰化为鸠

“一阵催花雨，数声惊蛰雷”，惊蛰又称“启蛰”，是二十四节气中的第三个节气。

春雷惊了蛰户，海日浴着鲸波。南海的表面温度上升，东海和黄海近海的冷水也进一步消退，大地春意盎然的同时，海中的生命也在这个时节活跃起来：海胆和鲍鱼忙着汲取营养，中国龙虾进入繁殖期，野生脉红螺进入“汛期”。

在山东青岛，三月初是播撒蛤蜊苗的好时节，如果你来到位于红岛的滩涂，一定会见到一番热闹的春耕景象。惊蛰后的胶州湾海岸，被当地人称为“四小海鲜”之一的泥蚂在水湾软泥中爬行。这些都是海边人不会错过的美味。

年

月

日

美洲螯龙虾

问海拾趣

美洲螯龙虾也就是波士顿龙虾，然而它的产地并非波士顿，而是北美洲大西洋沿岸等地。如何挑选美洲螯龙虾？主要看产地。一般来说，加拿大产的美洲螯龙虾品质较高。这是因为加拿大位于北美洲北部，其海域年平均温度较低，而美洲螯龙虾在温度较低的海域生长速度会比较缓慢，需要存储的能量比较多，因此口感鲜甜、肉质肥美。

脉红螺

虎斑宝贝

虎斑宝贝，壳卵圆形，壳表面光滑如瓷器，白色或黄白色，具大小不同的黑褐色斑点。它曾被当作“钱”来使用，是真正的宝贝。

珍鲹

珍鲹，又名浪人鲹，体形较大，成鱼长度可达1米多，拥有相对高超的捕食能力，甚至能跃出水面捕食海鸟。

年
月
日

年
月
日

春分

四

一候玄鸟至·二候雷乃发声·三候始电

“谁把春光，平分一半，最惜今朝。”春分是春天的第四个节气，这一天，南北半球昼夜平分，人们忙着“立蛋”“吃春饼”“送春牛”。此时节，海洋暖湿气团持续进入内陆，与北方地区冷湿空气交缠，导致北方地区的天气时而春暖暴晴，时而北风吹雨。

在南方的北部湾中部，你可以在涠洲岛观赏到绝美的荧光海，遇见大海的“蓝眼泪”；在北方的黄海之滨，越冬后的大天鹅开始减体重、练飞行，陆续踏上北归的旅途；在黄海南部越冬的带鱼和小黄鱼游向渤海，形成春季鱼汛；蛎虾从越冬的地方洄游产卵，多子而肥美。

纵肋织纹螺

问海拾趣

纵肋织纹螺，又称海瓜子，贝壳呈长锥形，体内可能含有毒素：纵肋织纹螺为食腐性动物，以动物尸体或某些藻类为食。这些食物可能含有毒素，并在纵肋织纹螺体内积累。一般来说，毒素并不会对纵肋织纹螺本身产生伤害，但是人们吃了“体内积累较多毒素的纵肋织纹螺”可能会中毒。

□□□□年□月□日

鲣

鲣，俗称柴鱼，身呈纺锤形，尾巴如一轮弯月。以鲣为原料制成的鲣节被称为“世界上最硬的食物”，鲣节刨成的薄片就是木鱼花——某些日本料理中类似木屑的东西。

年
月
日

鲯鳅

年 月 日

黄鳍刺虾虎鱼

黄鳍刺虾虎鱼肉质柔嫩，味道鲜美，尤其适合炸制——将鱼切开、去骨，鱼肉蘸取面粉，用中等温度的油炸至香酥饱满。

清明

五

一候桐始华·二候田鼠化为鴽·三候虹始见

“气清景明，万物皆显。”岁至仲春与暮春之交，华夏大地迎来了唯一一个既是节气又是节日的清明。这是春天的第五个节气，此时天清地明，“满街杨柳绿丝烟，画出清明二月天”，桃花初绽，杨柳泛青。

“清明螺，赛过鹅。”清明这天，浙江舟山一带有吃螺蛳或田螺的习俗，以明目清火。滩涂表层，缢蛏经过一冬的蛰伏和早春的育肥，肥美异常，“清明时节雨纷纷”，正是蛏子上桌时。除了蛏子，还有鲅鱼，清代学者全祖望诗曰：“春事刚临社日，杨花飞送鲛鱼。但莫过时而食，宁轩未解芳腴。”青岛的女婿却说，莫急，莫急，等谷雨来时再送。

维纳斯骨螺

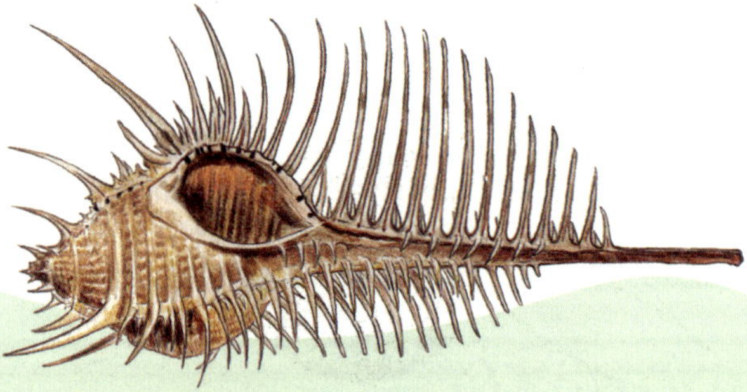

年 月 日

缢蛏

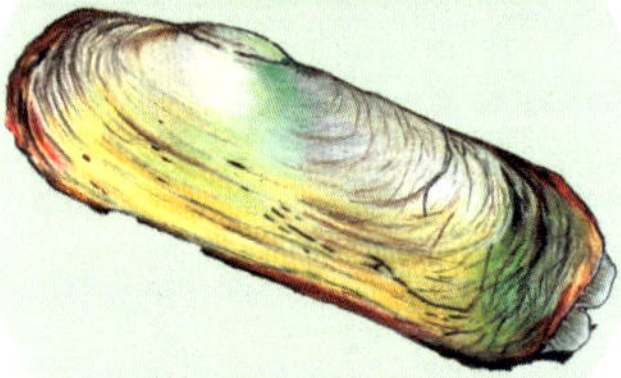

问海拾趣

缢蛏，俗名蛏子，壳长形而两端圆。壳面一般呈黄绿色，常因磨损脱落而呈白色。蛏子营养丰富，有“海中人参”的称号。市场上的蛏子一般浸在水里售卖，这么做的好处是使蛏子吐干净泥沙，顾客买回去可以直接烹饪。通常来说，质量好的蛏子个头大且完整，肉质肥厚，色泽略黄，略带咸味。

年
月
日

年
月
日

扁玉螺

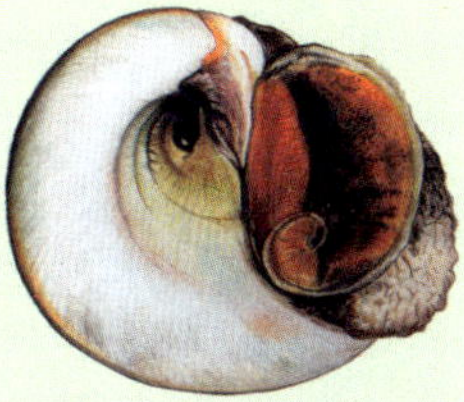

扁玉螺成体螺壳约有乒乓球大小，常出没于浅海沙滩上，捕食多种贝类、螺类，尤其擅长在壳上打孔。打孔工具是其“嘴”里的“舌头”——排列着“牙齿”的“齿舌”。

方斑东风螺

方斑东风螺具有昼伏夜出的习性：白天潜伏在泥沙中，在涨、落潮时移动；夜间四处觅食。

六

谷雨

一候萍始生·二候鸣鸠拂羽·三候戴胜降于桑

“雨落生百谷，万物皆可期。”不知不觉，岁月轮转到了春天的最后一个节气——谷雨。吃香椿，赏牡丹，品春茶；走谷雨，祭仓颉，敬海神。雨生百谷的日子，最美的四月天热闹非凡。

这个时节，南海的珊瑚迎来了一年一度的、非常重要的生命仪式——产卵。这壮观的繁衍场面恰似飞雪落深渊。黄海的面条鱼在此时已形成鱼汛，春日的大海多了一份期待。“谷雨到，鲅鱼跳，丈人笑”，谷雨也是渔民收获的日子，胶东地区有女婿给丈人送鲅鱼的习俗。一条个大味美的鲅鱼一定会给美好春光增加一份仪式感。

年
月
日

日本鳀

日本鳀，俗名海蜒，趋光性较强，有明显的昼夜垂直移动现象——白天移动至较深层的海域，晚上向海面靠近。

蓝点马鲛

问海拾趣

蓝点马鲛，俗名鲅鱼。在山东半岛，鲅鱼不仅是大海馈赠的美味，还代表了一种地域文化——每年鱼汛初到时，女婿要登门给丈人送“鲅鱼礼”。山东半岛的人们烹饪鲅鱼的方式也颇有创意，如鲅鱼水饺、鲅鱼丸子、熏鲅鱼、鲅鱼烩饼子、红烧鲅鱼等。

年
月
日

年
月
日

日本松球鱼

带鱼

带鱼，北方俗称刀鱼。带鱼的体表有一层银色物质，是一层由特殊脂肪形成的表皮，叫作“银脂”，是营养价值较高的优质脂肪。

七

立夏

一候蝼蝈鸣·二候蚯蚓出·三候王瓜生

“春光万象中，夏日初长成。”春已辞，夏当立。尝新，称人，斗蛋；螺蛳，河虾，鲥鱼。且看草木萌动，万物并秀。

“立夏连日东南风，乌贼匆匆入山中”，立夏前后是舟山地区捕获乌贼的时候；“五月槐花香，针良船上忙”，以前山东蓬莱的渔民会在立夏前后放“针良船”，追寻这海中美味；黄海和渤海水域的真鲷生殖盛期在5月下旬，“加吉头，鲅鱼尾”，真鲷是喜宴的上佳鱼，有增加吉祥的意思。俗话说“端上一碗立夏面，浆水搅团金不换”，闽南一带，沿海地区的虾面成为一道特色。立夏到了，你想吃哪些海鲜？来盘鲜爽的葱拌八带怎么样？

真鲷

真鲷，俗名加吉鱼。真鲷还有一个俗名——家鸡鱼。关于这个俗名有这样的解释：因真鲷贵重，在平常百姓家，宴席上有此鱼可抵家鸡。

年
月
日

乌贼

乌贼又称墨鱼，是头足类中杰出的“烟幕弹专家”。乌贼长有墨汁囊，受到惊吓或侵扰时，便将墨汁喷出。墨汁接触海水后，很快扩散，在海水中形成一团黑雾，乌贼便乘机逃跑。

有的乌贼长年生活在深海，一旦遇到敌害或受到刺激，释放的墨汁并不是黑色的，而是闪闪发光的。这种闪光的墨汁有较强的麻醉作用，敌害一旦接触，视觉和嗅觉便可能失灵，乌贼可乘机逃走。

年 月 日

驼背鲈

驼背鲈因为头长嘴尖，体形有些像老鼠而得名老鼠斑。老鼠斑会变性：幼年时的雌鱼成年后可能会变为雄性。

年
月
日

章 鱼

小满

八

一候苦菜秀·二候靡草死·三候麦秋至

“小满温和夏意浓，麦仁满粒量还轻。”小满中的“满”，指雨水之盈，也寓意小麦的饱满程度。夏天的第二个节气，小得盈满，一切都刚刚好。小满虽“小”，却是夏天升温最快的节气。

“长是江南逢此日，满林烟雨熟枇杷。”小满的海洋，也如江南的枇杷树，“熟了”一片：有一群洄游中的黄花鱼在春天集结于山东半岛，经过一路艰辛，到达莱州湾、黄河和大沽口产卵。黄渤海区，虎头蟹也正当令。这种螃蟹有香、甜、鲜三种味道，备受当地人青睐；虾蛄和紫海胆进入繁殖盛期，错过了，就又是一年。

黄高鳍刺尾鱼

年 月 日

年 月 日

眼斑双锯鱼

眼斑双锯鱼，别名小丑鱼，一般与海葵共生——小丑鱼体表的一种黏液可以避开海葵刺细胞的伤害。小丑鱼与海葵是一对“好搭档”：当受到凶猛鱼类攻击时，小丑鱼会钻入海葵中躲避敌害；而小丑鱼进食时难免留下一些残饵，这些残饵可以引诱其他鱼类靠近海葵，进而帮助海葵捕捉猎物。

龟足

龟足因长得像海龟的爪子而得名，绿色的“脚爪”是它的头部，暗褐色的“脚脖子”是它的柄部——龟足的可食用部位。

年 月 日

角箱鲀

角箱鲀的鳞片跟其他鱼类的鳞片有些不同：角箱鲀的鳞片发育成了厚厚的硬鳞，并且相互愈合，拼成了一个“小箱子”。

九

芒种

一候螳螂生·二候鵙始鸣·三候反舌无声

“及时趁芒种，散著畦东西。”有芒的麦子快收，有芒的稻子可种，芒种是一个典型的反映农业耕作规律的节气。此时，全国各地一片农忙景象，所以芒种也被称为“忙种”。

芒种不仅是收获和播撒希望的时节，也是食客的好时节。“冬鲫夏鲈”，来一份肉香刺少的清蒸海鲈鱼吧，吃了它，健脾益气、增强体质。“凉水蛎子，热水蛤”，芒种也是吃蛤蜊的好时节。沐浴着夏天的海风，“喝啤酒，吃蛤蜊”是青岛人的标配。能与青岛啤酒齐名，蛤蜊了不起！

年
月
日

褐菖鲉

褐菖鲉，俗名岩头虎、石狗公，肉食性鱼类，性情凶猛，虽然颜值不高，味道却异常鲜美，有“假石斑鱼”之称。褐菖鲉肉质鲜嫩，无小刺，适合多种烹饪方式，如清蒸、红烧等。

海 燕

年
月
日

年
月
日

蛤蜊

问海拾趣

蛤蜊常出现在沿海人民的餐桌上。将蛤蜊放进锅里，不用添加任何调料，就能得到一份鲜气四溢、柔嫩多汁的清蒸蛤蜊。古人早就发现了蛤蜊的美味，也写了关于“食蛤蜊”的句子：“不知许事，且食蛤蜊”，“水边莫话长安事，且请卿卿吃蛤蜊”。这两句基本体现了同一个意思——一旦“与我何干”，就要“且食蛤蜊”。

日本真鲈

冬天的日本真鲈不好吃。冬季它们在海中产卵繁殖，体内的很多营养物质转移到生殖腺中，肉就变得不好吃了。

十

夏至

一候鹿角解·二候蜩始鸣·三候半夏生

“昼晷已云极，宵漏自此长。”夏至是北半球白昼最长，黑夜最短的日子。鹿角解后，蝉鸣不断，不到夏至不热，半夏生在盛夏的序曲中。夏至，在青岛的鱼市上、码头边，新鲜的带鱼银光闪闪，十分诱人。

民谚说：“冬至饺子，夏至面。”立夏吃面，夏至更要吃面。在节气起源的黄河流域，夏至吃面有着悠久的历史。炸酱面、臊子面、刀削面、八鲜面……在你的家乡，有没有一种面的味道，让你魂牵梦萦。在山东日照，夏至时节的海沙子依然肥美多汁，什么鲜，都不及一碗海沙子面。

许氏平鲉

许氏平鲉，俗名黑头鱼，身体呈灰褐色，上面有不规则黑色斑纹。它的背鳍鳍棘具毒腺，人若不慎触碰可能会中毒。

年
月
日

年

月

日

僧帽水母

海蛞蝓

科学研究表明，有一种绿叶海蛞蝓，能将海藻中的叶绿体纳为己用，通过光合作用，将二氧化碳和水转化为维持生存所需的营养物质。

□□□□年□月□日

蓝环章鱼

问海拾趣

蓝环章鱼的身上点缀着很多漂亮的蓝环。这些蓝环不仅具有装饰作用，更是它们的警报器。每当有强敌靠近时，蓝环章鱼身上的蓝环会发出醒目的蓝光，警告对方速速离开自己的领地。蓝环章鱼体内含有毒素——河鲀毒素。这种毒素毒性非常强。值得注意的是，死去的蓝环章鱼体内依然有毒素，且普通的烹饪方式无法分解蓝环章鱼体内的毒素，因此蓝环章鱼不能食用。

小暑

十一

一候温风至·二候蟋蟀居壁·三候鹰始挚

“倏忽温风至，因循小暑来。”小暑是二十四节气中的第十一个节气，也是夏季的第五个节气。温风至候，蟋蟀居壁，老鹰始挚，暑气已至。你是否向往海边的清凉？

潮间带上，充足的光照和养分让浮游生物大量繁衍，贝类和沙蟹如获至宝。“大暑荔枝小暑鲎”，老福州人很会享口福，趁着小暑时令品尝鲎的美味。现在中国鲎是国家二级保护动物，禁止捕杀和食用。“小暑黄鳝赛人参”，品尝点肉质肥厚、营养丰富的鳝鱼吧！

年
月
日

中国鲎

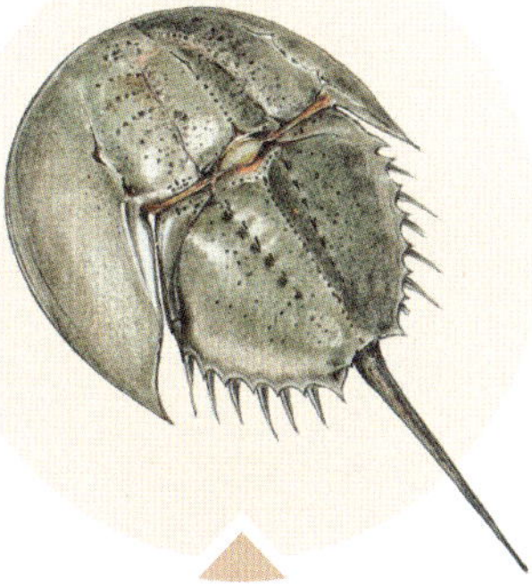

问海拾趣

鲎作为一种非常古老的生物，为人类做出了相当大的贡献：许多细菌的细胞壁含有内毒素，我们的免疫系统接触到它，可能会产生致命的激烈反应。而鲎血遇到内毒素就会凝固，起到阻挡细菌、避免感染的作用。后来，研究人员利用鲎血制成药物，用来检测内毒素和病菌。这种药物被称为鲎试剂。

年
月
日

海羊齿

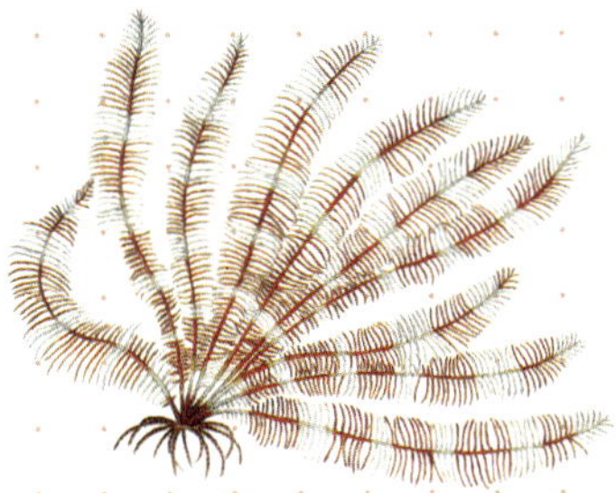

海羊齿长得像植物，其实是棘皮动物，拥有非常强悍的再生能力，即使失去大部分腕，依然能生存，并且可以在一段时间内复原。

年
月
日

法螺

法螺不仅颜值高，还是“珊瑚礁”的守卫者——长棘海星酷爱啃食珊瑚，而法螺作为长棘海星的天敌，在控制长棘海星数量、保护珊瑚礁等方面发挥了一定的生态作用。

水字螺

十二

大暑

一候腐草为萤·二候土润溽暑·三候大雨时行

“清风不肯来，烈日不肯暮。”大暑连着小暑，夏天的最后一个节气正是我国大部分地区最热的时候。怕热的人顾不上别的，只想找个地方凉快凉快。

海洋生物也怕热，还好它们有自己的避暑妙招：海参、海马、海龟夏眠，海象用湿润的沙子降温，鲸会大口吸入海水，冲洗口腔和鼻腔，再通过气孔把水排出，达到散热的目的。鳄鱼在炎热的夏天会成群结队地游到靠近岸边的水域，长时间待着避暑。大暑这天，我国浙江沿海地区有“送大暑船”的习俗，寓意驱除邪祟、祈求平安。

年
月
日

海 龟

年 月 日

海马

问海拾趣

海马不是马，而是一种鱼。海马有很多神奇的特点：1. 雄海马生宝宝——雄海马尾部有孵卵囊，受精卵在囊内发育；2. 海马的左右眼可以独立活动——一只眼盯着从身边游过的浮游动物，另一只提防周边的天敌；3. 游泳姿势奇特——海马直立游泳，泳姿看起来很悠闲；4. 厉害的伪装大师——海马通过模拟周围环境来伪装自己，达到隐蔽躲藏的目的。

海参

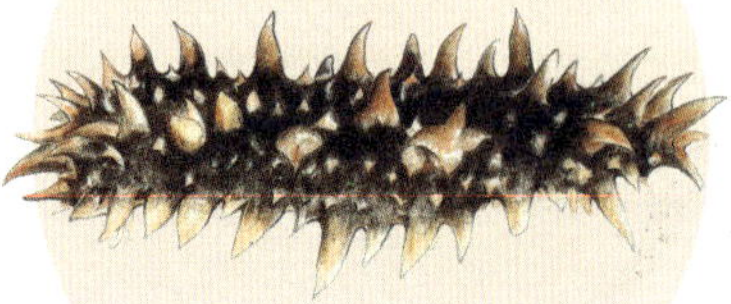

海参相当有“个性”——自然界的很多动物有冬眠的习性，海参却不同，偏偏有夏眠的习惯；受到刺激后，海参会将内脏从肛门排出，然后逃跑。

□□□□年□月□日

珊

瑚

珊瑚是植物还是动物？严格来说，珊瑚是珊瑚虫和其骨骼的统称。珊瑚虫是动物，它们分泌的骨骼是珊瑚。

十三

立秋

一候凉风至·二候白露降·三候寒蝉鸣

“一叶梧桐一报秋，稻花田里话丰收。”熬过三伏天，终于迎来秋天的序曲——立秋。夏天炎热，人们出汗多，食欲差，到了凉爽的秋天，当然要补一补，贴秋膘。

肥美的斑鲦鱼不大，却是贴秋膘的好手。7月中下旬是山东休渔期间海蜇的专项捕捞生产作业时间，立秋时节，处理好的海蜇已经大面积上市。凉拌海蜇、白菜拌蜇皮……海蜇凉菜怎么做都好吃。立秋前后，东海部分地区和南海海域已经开渔，万帆耕海，同盼鱼虾满舱。色泽艳丽的红杉鱼、体形优雅的青鱼、味道鲜美的笔管、口感细腻的白姑鱼，哪个是你最期待的第一鲜？

年 月 日

海蜇

问海拾趣

新鲜的海蜇具有毒性，要经过处理才能端上餐桌。传统的处理方式是用食盐、明矾将海蜇腌渍一段时间，祛除毒性，并让它们变得脆嫩可口。海鲜市场上可食用的海蜇产品有两种：海蜇头和海蜇皮。它们很容易区分：海蜇皮是又大又圆的一张皮；而海蜇头大多为块状，呈半透明的黄色，上面有很多不规则凸起。

蓑 鲉

年
月
日

斑

鲦

斑鲦个头不大，味道鲜美。烤斑鲦和小斑鲦寿司都是非常有名的美食。斑鲦有个缺点——刺有点多。

年
月
日

石花菜

石花菜经过加工可以被制成琼脂。琼脂一般用于食品加工，果冻、软糖、冰激凌等零食里都含有琼脂。

十四

处暑

一候鹰乃祭鸟·二候天地始肃·三候禾乃登

“四时俱可喜，最好新秋时。”处暑是秋天的第二个节气。此时，露蝉声渐咽，秋日景初微。秋高气爽凉风至，鱼跃虾肥待开渔。

部分海域终于等来了期待已久的开渔季。整理崭新的渔具、修补破损的渔网、为生锈的零件做“保养”、储备生活物资，渔民们早已整装待发，准备迎接这属于自己的节日。黄渤海海域近海渔获主要以刀鱼、鲅鱼、鲳鱼、黄花鱼、螃蟹、虾虎为主，深海中的笼子也许能捕到鳗鱼。这下，海边人可以尽情享受久违的海鲜大餐了。

大黄鱼

大黄鱼好似披着“黄金甲”。其实，大黄鱼的体色会随着外界环境变化：白天偏银白色，晚上呈金黄色。

年
月
日

细刺鱼

年 月 日

褐篮子鱼

褐篮子鱼，俗名泥猛，喜欢吃海藻，鱼腹内有一股藻食鱼特殊的臭，也因此得到另一个俗名——臭肚。

年

月

日

燕鳐

问海拾趣

燕鳐是一种会“飞”的鱼：出水之前，燕鳐会先在水中快速游动，接近水面时，将胸鳍和腹鳍收起，紧贴在身体两侧，并利用强有力的尾鳍左右急剧摆动，拍打水面，然后借助摆动产生的强大冲力，破水而出。出水之后，燕鳐会立即展开“翅膀”，迎风“飞翔”。需要说明的是，燕鳐滑翔的动力主要来自尾部，并不像鸟类那样靠翅膀扇动，而胸鳍可能起到类似降落伞的作用。

十五 白露

一候鸿雁来·二候玄鸟归·三候群鸟养羞

“白露暧秋色，月明清漏中。”白露是秋季的第三个节气，此时天气逐渐转凉，水汽遇冷凝结成水珠，落于花草树木，谓之“白露”。

“春花秋鳎”，秋天正是吃鳎目鱼的好时候。白露前后，从南到北，千帆竞发踏浪争“鲜”，逐梦深蓝耕海牧渔。在浙江宁波、江苏盐城等地的渔港，你会看到渔船竞相出海，争捕开渔第一网。原本帆樯林立、千舸锚泊的静态海面，瞬间百舸齐发。在象山，人们以盛大的开渔仪式欢送渔民出海，庆祝捕鱼季的到来，期盼好运和丰收。

年
月
日

秋刀鱼

秋刀鱼因盛产于秋季，且身形修长如刀而得名。秋季的秋刀鱼体内脂肪含量高，肉厚甘香，鲜甜不腥，是当之无愧的“秋令时鲜”。

黄尾副刺尾鱼

年
月
日

年 月 日

镰鱼

镰鱼不仅颜值高，还是《海底总动员》中吉哥的原型。由于身形优美、体色艳丽，镰鱼成为经久不衰的观赏鱼品种。

皇带鱼

问海拾趣

皇带鱼体形巨大，长度惊人，是海洋中最长的硬骨鱼，体长可达十几米，体表没有鳞片，鱼体一般呈亮银色，头部的长鳍条像一顶耀眼的红色皇冠。皇带鱼和带鱼虽然外表相似，名字也相似，却没什么亲缘关系——皇带鱼隶属月鱼目，而带鱼隶属鲈形目。皇带鱼的繁殖速度很慢，大约 14 年数量才翻一番。

十六

秋分

一候雷始收声·二候蛰虫坯户·三候水始涸

“金气秋分，风清露冷秋期半。”秋分是秋天的第四个节气，天地平分秋色。秋分的人间是多彩的。雷始收声，秋之寂静；蛰虫坯户，秋之收敛；空山新雨，秋之清新；诗酒乘兴，秋之酣畅；鱼虾贝藻，秋之新鲜。

9月正是大虾肥美的季节，“吃肉不如吃鱼，吃鱼不如吃虾。”中国人对虾情有独钟，这份爱贯穿古今。虾，上得厅堂，下得厨房。从国宴到路边大排档，常有红灿灿的大盘虾。虾的种类繁多，斑节虾、长毛对虾、河虾……国风浓郁的中国对虾，外来的美味南美白对虾，好吃的虾真是数不胜数。

南美白对虾

过去在市场上，大虾常成对出售，故而得名对虾。《红楼梦》中有“大对虾五十对”这样的文字描述，说明对虾成对计量已有些年头。

年
月
日

年
月
日

雀尾螳螂虾

雀尾螳螂虾的“拳头”可以轻松击碎螃蟹、牡蛎等生物的坚硬外壳，甚至能将玻璃打碎。

磷虾

问海拾趣

小小的磷虾如何在海洋中保护自己？发光器。这些发光器位于眼柄和胸足基部等部位，由发光细胞、反射器和晶体组成。发光细胞内的荧光素在荧光蛋白酶的作用下发出蓝色光，通过反射器的反射和晶体的聚焦，成为磷虾身上的点点磷光。磷光能使磷虾的身形变得模糊，可减少被捕食者发现的概率。

年
月
日

中华锦绣龙虾

十七

寒露

一候鸿雁来宾·二候雀入大水为蛤·三候菊有黄华

“菊色滋寒露，芦花荡晚风。”寒露时节，南方秋意渐浓，气爽风凉；北方寒意已深，干燥少雨。天寒气燥，好在还有螃蟹吃。

“九月团脐十月尖，持螯饮酒菊花天。”秋季吃螃蟹并不是现代人才有的习俗，中国拥有悠久的蟹文化。蟹有“四味”：鲜贝、甲鱼、鱼肉、仙丹；蟹有“四看”：颜色、体形、肚脐、毛发；蟹有“四诀”：蒸、食、饮、餐。寒露吃蟹，品种多，风味也多。膏满黄肥的大闸蟹，味美鲜甜的梭子蟹，肉质肥厚的青蟹，体肥肉嫩的和乐蟹。你的秋天记忆，也许有一次难忘的食蟹大餐。

三疣梭子蟹

问海拾趣

如何挑选螃蟹？1. 分公母：看螃蟹的蟹脐——母蟹的蟹脐是宽宽的三角形或椭圆形，而公蟹的蟹脐是狭长的三角形。2. 辨鲜活：将螃蟹“肚皮”朝上放置，如果它可以自己翻转过来，说明这只螃蟹很鲜活。3. 手掂量：用手掂量一下，选择那些分量稍微重一点的螃蟹——有分量的螃蟹比较“肥”。

红线黎明蟹

红线黎明蟹是挖沙小能手，平时喜欢埋在沙子里，可食用，但肉较少，味道一般。

年
月
日

蛙形蟹

椰子蟹

椰子蟹是现存最大的陆生蟹，因爱吃椰子果肉而得名。它们那粗壮有力的螯不但能轻易撬开坚果和种子，还能助其爬树登高。

年
月
日

年
月
日

十八

霜降

一候豺乃祭兽・二候草木黄落・三候蛰虫咸俯

“霜降碧天静，秋事促西风。”秋天的最后一个节气，秋风萧瑟天气凉，草木摇落露为霜。这个时令，我国黄河流域大部分地区已出现白霜，千里沃野，一片银色冰晶熠熠闪光。

沐风霜雪雨，得时令海洋。辫子鱼，其貌不扬，也没甚名气，但肉质紧实，口感甜美。鲻鱼，肉质厚，味鲜美，鱼肉香醇而不腻，诗云“鲻鱼味美胜鲈鱼”。这两种新鲜的海鱼都在霜降前后大量上市。抓住秋天的尾巴，一盘原汁原味的清蒸鱼少不了。

眼镜鱼

眼镜鱼，鱼如其名，身体像镜片一样扁平。因其具有非常强烈的趋光性，人们经常用灯光围网捕捞眼镜鱼。

年
月
日

丝蝴蝶鱼

丝蝴蝶鱼是海洋中的伪装高手：真正的眼睛藏在位于头部的黑色条纹之中，而身上那醒目的大黑斑是它的“假眼”——用来迷惑敌人。

年

月

日

博伊尔刺尻鱼

弹涂鱼

弹涂鱼，俗名跳跳鱼、泥猴，经常出现在近岸的滩涂处，可以利用胸鳍和尾鳍在水面上、沙滩上或岩石上爬行、跳跃。

离开水的鱼如何呼吸？弹涂鱼有妙计：弹涂鱼鳃腔很大，出水前，会在嘴里留一口水。这口水可以帮助它们呼吸。皮肤和尾巴又可以作为呼吸辅助器。只要保持身体湿润，弹涂鱼可以在没有水浸泡的环境里长期存活。

□□□□年□月□日

十九 立冬

一候水始冰·二候地始冻·三候雉入大水为蜃

“旱久何当雨，秋深渐入冬。”黄花带露，红叶随风，转眼又是一季。立冬时节，水始冰，水面初凝，未至于坚；地始冻，土气凝寒，未至于坼。古人有智慧，深谙寒来暑往，秋收冬藏。古人浪漫，想象雀入大水为蛤，雉入大水为蜃。“蜃”即大蛤，古人认为它是野鸡变的。不论对错，“只谈风月，且食蛤蜊”。

立冬时节，牡蛎正肥。牡蛎又称“生蚝”，是生活在海洋或微咸生境中的双壳贝类，口感爽滑、营养丰富，被称为“海中牛奶”。难怪诗人赞曰：“入市子鱼贵，堆盘牡蛎鲜。”

长牡蛎

牡蛎有两个贝壳，其大小、形状略有不同：左壳稍大、稍凹，而右壳略小、略平。牡蛎利用左壳固着在岩石或其他物体上：小时候的牡蛎可以在海中游动，当遇到合适的“地基”，就会分泌黏性物质，把自己牢固地“粘”在上面，一旦“安家”，基本上一辈子都不会“挪窝”。牡蛎不能动，怎么捕食呢？食物会自己送上门：牡蛎被海水淹没时，会轻轻地张开贝壳，滤食水中的食物颗粒。

年
月
日

文蛤

文蛤的壳略呈三角形，底边弧形。文蛤肉可食，味美；壳供药用，亦可作容器，或作水泥的原料。

象拔蚌

因其伸出壳外的虹吸管很像大象的鼻子而得名，在自然界拥有较强的长寿能力，寿命可达100多年。

年

月

日

年
月
日

栉孔扇贝

小雪

廿

一候虹藏不见·二候天气升地气降·三候闭塞成冬

“莫怪虹无影，如今小雪时。”在二十四节气起源的黄河流域，小雪节气正是初雪时节。而在长江中下游地区，第一场雪大概要等到大雪时节才会陆续降临。这个时候，人们腌腊肉、吃糍粑、晒鱼干，为团圆和春节做准备。

时值小雪，冬日的气氛渐浓厚。海边人喜欢在这个节气晒鱼干、做鱼鲞。“十月豆，肥到不见头。”农历十月，渔民可以捕获肥美的豆仔鱼了。浙江舟山，嵊泗渔家人正紧锣密鼓地忙着“晒冬”，鮸鱼鲞、玉秃鲞、小黄鱼鲞，方寸之间，皆是鱼鲞。在山东青岛崂山区，渔民趁晴好天气也开始晾晒传统特色鱼干，集中储备“年货”。

年
月
日

鮟鱇

问海拾趣

鮟鱇被称为海中垂钓者：背鳍的第一鳍棘变成了一根“鱼竿”，“鱼竿”的顶端长有皮瓣。鮟鱇常常藏在海底泥沙中，伸出“鱼竿”引诱附近的小型动物，一旦有猎物靠近，就张开大嘴将其吞下。某些种类的鮟鱇能够与发光细菌共生。这些发光细菌使鮟鱇“鱼竿”发出充满诱惑性的光亮，帮助鮟鱇吸引更多的猎物。

少鳞鱚

少鳞鱚个头不大，身形苗条，线条流畅。它胆子比较小，很容易受到惊吓，喜欢藏在沙丘里。

年
月
日

叉斑锉鳞鲀

叉斑锉鳞鲀是观赏鱼界的大明星，鳞片又大又硬，紧紧贴在厚厚的皮肤上；嘴巴里长着非常坚硬的牙齿，能够把虾、蟹、珊瑚、海胆等磨碎。

□□□□年□月□日

花 斑 拟 鳞 鲀

廿一 大雪

一候鹖鴠不鸣·二候虎始交·三候荔挺出

“万树琼花一夜开，都和天地色皑皑。”大雪是冬季的第三个节气。《月令七十二候集解》有言：至此而雪盛矣。深冬的大雪，除了带鱼、银鲳等时令的冬捕海鲜，来点刺少肉多的鳕鱼再合适不过了。

鱼市上，很多鱼被商家称为“鳕鱼”，而正宗的鳕鱼指鳕形目鳕科鳕属的三种鱼，分别是大西洋鳕鱼、太平洋鳕鱼和格陵兰鳕鱼。鳕鱼生活在冷水中，味道鲜美，肉质细腻，甚至入口即化，非常适合婴幼儿及老年人食用。

平鳍旗鱼

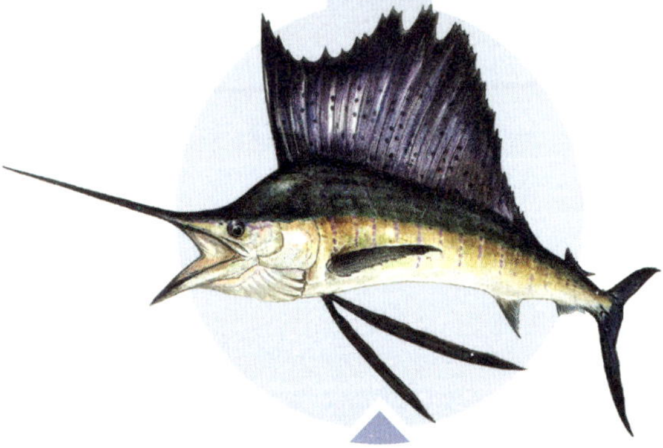

问海拾趣

旗鱼是海洋中的短距离游泳高手，有两个标志性的特征——一个是呈剑状凸出的上颌，另一个是如同披风一般高耸的背鳍。旗鱼一般有前后两个背鳍：第一背鳍又长又高，竖展的时候仿佛是船上扬起的风帆，又像是随风招展的大旗，所以人们称呼它为“旗鱼”；而第二背鳍比较短小。

年 月 日

绿鳍马面鲀

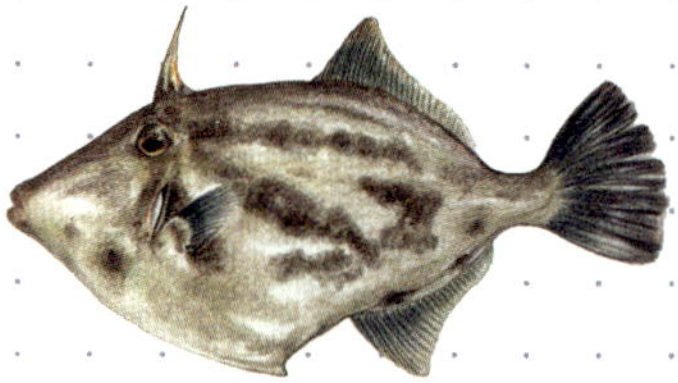

绿鳍马面鲀，俗名剥皮鱼，肉质鲜嫩，味道鲜美，肝脏营养价值较高，可加工成鱼蓉、鱼糜制品或烤鱼片等。

年
月
日

□□□□年□月□日

黑带金鳞鱼

石鲽

石鲽刚出生的时候，两只眼睛分别长在身体两侧，不久后，一侧的眼睛开始向另一侧移动，最后和另一只眼睛并列。

廿二

冬至

一候蚯蚓结·二候麋角解·三候水泉动

“从今千万日，此日又初长。”古称“日短至”的冬至，是北半球一年中白天最短的日子。这一天，我国南方沿海地区如饶平海山一带，有清晨赶在渔民出海捕鱼前祭祖的习俗。

在北方地区，冬至时一碗热腾腾的水饺是少不了的，毕竟，“冬至不端饺子碗，冻掉耳朵没人管”。于是乎，皮薄馅大、色彩鲜艳、营养丰富的海鲜水饺在胶东半岛等沿海地区备受欢迎，鲅鱼水饺、墨鱼水饺、黄花鱼水饺、虾仁水饺……总有一款能在寒冷的深冬温暖你。

皱纹盘鲍

问海拾趣

皱纹盘鲍呈扁卵圆形，壳的边缘有一列呼吸小孔。壳表面多为青褐色或深绿色，有许多粗糙而不规则的皱纹；壳内为银灰色，有珍珠光泽。皱纹盘鲍味道鲜美，营养丰富，为海中珍品，不仅可以鲜食，也可以加工成罐头或鲍鱼干。皱纹盘鲍的贝壳是著名的中药——石决明。

年　月　日

勒氏笛鲷

勒氏笛鲷，俗名火点，体背上那块黑色的斑点是其主要特征。勒氏笛鲷肉质细腻，基本无腥味，生长速度快，深得养殖户的喜爱。

年 月 日

年

月

日

黄鳍金枪鱼

多宝鱼

多宝鱼学名大菱鲆，寓意“多宝多福，‘鲆鲆’安安”。多宝鱼长相奇特——成鱼眼睛长在身体的同一侧，有眼睛的一侧呈青褐色，没有眼睛的一侧呈白色。

年 月 日

廿三

小寒

一候雁北乡·二候鹊始巢·三候雉始雊

“晓日初长，正锦里轻阴，小寒天气。”小寒虽意为“天气寒冷但还没有到极点”，但根据中国长期以来的气象记录，在北方地区小寒节气比大寒节气更冷，有“小寒胜大寒”的说法。

天气虽冷，但沿海地区的人们可没闲着。例如：山东省荣成市的渔民们正驾驶渔船穿梭在养殖筏架间，整理海带苗、更换养殖浮漂、修整养殖筏架、清理海草，呈现出一幅耕海牧渔的画卷。真可谓：小寒节令耕海忙，来年丰收大可期。

金钱鱼

□□□□年□月□日

□□□□年□月□日

星康吉鳗

过去，鳗鱼饭中用到的鳗鱼一般是鳗鲡。但由于鳗鲡种群数量大幅缩减，人们开始使用其他种类的鳗鱼替代鳗鲡。其中，星康吉鳗就是被使用较多的一种鳗鱼。

年 月 日

褐牙鲆

问海拾趣

褐牙鲆有洄游习性：秋季，水温下降时，褐牙鲆向较深海域移动；春季，游回近岸浅水海域产卵。褐牙鲆肉质细嫩，味鲜而肥腴。新鲜的褐牙鲆是制作全鱼宴的上好食材，片好的鱼片一部分用来做生鱼片，一部分用来做水煮鱼，鱼头部分做干锅鱼头或豆腐鱼头汤，鱼骨用椒盐炸制……每一道菜都令人垂涎欲滴，“鱼”味悠长。

海鲂

海鲂比较容易辨认：背上长着高高竖起的“天线”，身上有一颗大大的黑色圆斑。可能是头比较大的缘故，海鲂不太擅长游泳，因此成为易于捕捞的对象。

廿四

大寒

一候鸡始乳·二候征鸟厉疾·三候水泽腹坚

“北风天大寒，平地雪三尺。”诗词里的大寒，延续了小寒的冷。大寒是二十四节气中的最后一个节气，“过了大寒，又是一年”。大寒虽冷，但在凛冽天地间也藏着人间温暖。这温暖是冬日里一碗寓意吉祥的腊八粥，是餐桌上一份期盼已久的海鲜大餐。你不尝尝，怎么知道当令的贝类和鱿鱼有多肥美！

大寒始，春将至。天地间万物正在蛰伏，欲待复苏萌发。渤海、黄海北部，辽宁辽河口湿地，斑海豹迎来了产崽的高峰期。远处的冰面上，“穿”着一身白色绒毛的海豹幼崽，好不呆萌。

黄条鰤

黄条鰤体侧有一条明显的黄色纵带，故得名“黄条鰤”，又因性情暴烈且有蛮力，犹如犍牛，获得俗名“黄犍牛”。

□□□□年□□月□□日

年 月 日

鱿鱼

问海拾趣

如何区分章鱼、鱿鱼和墨鱼？一般情况下，章鱼有8条长短大致相同的腕，而鱿鱼、墨鱼有8条短腕和2条触腕。章鱼的“头”呈球形，貌似丸子；鱿鱼的“头”狭长，呈锥形；墨鱼的“头”较为扁平，呈袋形。章鱼的内壳已经退化，这使得它们可以伸缩自如；鱿鱼的内壳较小，为角质，薄而透明；墨鱼的内壳发达，为石灰质。

带纹条鳎

带纹条鳎的身体呈舌状或鞋底状，体表有多条黑褐色横纹，俗名花牛舌、花鞋底等。依靠如此独特的配色，带纹条鳎能够在泥沙之下更好地隐藏起来。

黄鳍东方鲀

年 月 日

■ 年末总结

图书在版编目（CIP）数据

回澜拾贝：我的问海手账 / 福澜著；杲飞绘．

青岛：青岛出版社，2025. -- ISBN 978-7-5736-2734-6

Ⅰ．Q178.53-64

中国国家版本馆 CIP 数据核字第 2024UK8094 号

HUILAN SHIBEI:WO DE WEN HAISHOUZHANG

书　　名　回澜拾贝：我的问海手账

作　　者　福　澜

插　　图　杲　飞

封面题字　刘雅婧

出版发行　青岛出版社（青岛市崂山区海尔路 182 号）

本社网址　http://www.qdpub.com

策　　划　宋来鹏　宋　磊

责任编辑　谢欣冉　张　晓

美术设计　盒子猫童书馆

照　　排　青岛新华出版照排有限公司

印　　刷　青岛名扬数码印刷有限责任公司

出版日期　2025 年 8 月第 1 版　2025 年 8 月第 1 次印刷

开　　本　32 开（889mm × 1194mm）

印　　张　6.5

字　　数　150 千

书　　号　ISBN 978-7-5736-2734-6

定　　价　68.00 元

编校印装质量、盗版监督服务电话　4006532017　0532-68068050